几何形状、花朵形状、不规则形状

福岛明子
复古蕾丝桌垫
钩织

Les napperons
anciens
au crochet

〔日〕福岛明子 著

刘晓冉 译

河南科学技术出版社
·郑州·

在经常去的跳蚤市场，

某天早晨，我遇到了一片桌垫，

自此，开始收集起桌垫。

从桌垫中，能窥见人们日复一日的生活。

我开始不断收集那些与蕾丝桌垫相关的法国历史的点点滴滴。

就如同纺线一般，

抽丝捻线，不断重复。

作为揭示历史、阐释法国文化的手段之一，

蕾丝桌垫拥有无尽的魅力。

福岛明子

目　录

LA RENCONTRE
相遇

LES NAPPERONS
桌垫和制作方法

LES ANECDOTES
关于蕾丝桌垫

本书中将所有老的东西都称为古董。
巴黎的照片拍摄于2019年10月。

A PARIS CHEZ

La Rencontre
相 遇

LA VIE A PARIS

巴黎，日复一日的生活

　　巴黎的公寓一般都很昏暗。但我家位于从三个方向都能照到阳光的地方，相比其他房子要明亮得多。每当我站在窗边，眺望巴黎不同季节、不同天气里变化万端的美景时，总会不禁对巴黎充满好奇。为什么巴黎是时尚之都呢？答案就藏在窗外每一个巴黎人的生活中，而这个问题与答案是我在当初移居巴黎时完全没有预想到的。

　　清晨慢跑，便会欣赏到宛如印象派画作一般的风景。我在慢跑时总会眺望塞纳河，水面上倒映着一座座奥斯曼式的公寓，一边想着过去很多画过塞纳河的画家，一边气喘吁吁地跑着，脑海中都会浮现出一句——"今天也好美啊！"

　　众多的画家和摄影家迷恋着塞纳河，并记录了巴黎人与塞纳河的风景。法国著名摄影家罗伯特·杜伊斯瑙（Robert Doisneau）一直在拍摄发生在塞纳河的故事，还有亨利·卡蒂埃-布列松（Henri Cartier-Bresson）等，都以塞纳河为主题，不断奔走并记录着巴黎人的浪漫和日常生活，以及珍贵的旧时风物。

　　绝美的风景、风中的香气、街道的声音、巴黎人的说话声、太阳的温度，这一切的一切加在一起，才是"巴黎"。我认识到这一点时，是我渐渐痴迷于在跳蚤市场中搜寻古董的时候。我不断触摸法国古老的设计，同时开始思考，为什么巴黎人的生活会让人觉得时尚？这种感觉从何而来呢？

　　在人声鼎沸的市场中，常年使用的竹筐中放着新鲜的蔬菜，奶牛图案的标签上写着奶酪的名字，老酒馆的窗边挂着点缀有蕾丝花片的窗帘，摆满美味蛋糕的甜品店墙壁上有一面大镜子……哪样东西都不是崭新的。从上一代人手中继承的用品和工具，充分再利用的前一家店的怀旧装潢，店主的个性，提供的商品和服务都有一致的内涵等，这便是引人入胜的关键，让身为外国人的我们感动不已。

　　巴黎人对古老物件的理解，比我想象得更深，他们会继续使用从祖先那里继承的家具、床单、桌垫，会在跳蚤市场中寻找普通的银制品或装饰房间的画、单品，会一边规划如何与现代生活更加协调，一边构建属于自己的快乐的世界观。

　　整个社会都确立了"好的东西不会扔、不会坏"的理念，这样成熟的文化已经深深扎根在巴黎。

巴黎的街区，在19世纪巴黎大改造中建成了现在的骨架。
即便是现在，建筑物的高度也受到严格限制，从高层的窗边可以看到毫无遮挡的天空。

LE GRAND FROID

巴黎冬日的清晨，气温 − 2℃。在这样的日子里，石砌的墙壁和石阶像冰一样冷，仔细一看，石砖上还结着霜。阴沉沉的日子没完没了，暗淡的街道微微发白，偶尔射下的光照耀着冰霜，如亮片般跃动闪耀。

从15世纪至20世纪上半叶，在日益强大的中央集权制度下，建筑业也繁荣发展，巴黎逐渐形成了现在的样子。巴黎市内的建筑设计看似相同，但仔细观察，却能发现各有各的不同。有的入口上方施以艺术性的浮雕，有的阁楼有很多增建，有的有庭院，有的墙壁上嵌入了马赛克。

15世纪，王公贵族以狩猎为名，在自然资源丰富的卢瓦尔河周边，采用最先进的建造技术建起了一座又一座城堡，用无比华丽的方式，重复着权力的斗争。他们从意大利请来达·芬奇（Leonardo de Vinci）设计城堡，由他设计的尚博尔古城堡赫赫有名。这波热潮的余波慢慢涌向巴黎，在巴黎街头，贵族们纷纷请来在卢瓦尔附近声名鹊起的建筑家，让他们建造震惊世人的宅邸。

最有名的，当数众多身怀绝技的工匠们打造的凡尔赛宫。在这里，修复并珍藏着大量画作和房间陈设等。

透过凡尔赛宫和古堡，可以窥见并感受到王公贵族的生活状态，也可以看到在这样的生活方式下不可或缺的刺绣和蕾丝等针线消遣活动。我在寻访古城时，每每看到卧室床单的刺绣、窗帘的流苏、墙壁上的装饰织布、宗教的挂毯、王族的衣装、桌垫上的王族纹样和国王名字的首字母等等来自能工巧匠或贵族们的针线作品，都会为之感动。在某一刻我突然意识到，法国的刺绣蕾丝作品还呈现了不为人知的一面，那便是针线工作一直在参与历史、改变历史。

在师徒制度下，被认定为工匠的人们，为了满足王公贵族的私欲纷纷来到巴黎。我想，是那些创造时代潮流的工匠们支撑着王公贵族的衣食住行，他们的优雅时光和幸福生活都有赖于工匠们的努力。当今的巴黎，为了不让传承于先祖的众多历史的证明消失殆尽，许多人依然为之守护，为之努力。

连接塞纳河右岸和圣路易岛的玛丽桥。
一所古老的桥注视着这座城市的变迁。

Mon Quartier　　　　　　　　　　　　　　我所住的街区

　　巴黎的风景至今从未改变。在巴黎美术馆，有很多机会能看到巨匠的画作，有时，也会在描绘19世纪中叶景象的画作中遇到我住的街区。

　　"1个半世纪前的我的卡地亚城市！"

　　我经常会久久地凝视着这个城市。现在与那时的建筑没有任何变化，但生活却是不同的。画中有绅士的高筒礼帽，有优雅宽大的公主裙和夫人们的阳伞，还有穿梭的马车。很多城市会因区划调整等而发生变化，但像这样能清晰地在画中发现自己每天路过的地方，并风貌鲜明地保留至今的城市少之又少。在巴黎，风景画带来了怀旧气息，巴黎这座美丽的城市让人一见倾心，久居不愿离去。

　　一幅绘画作品的好坏，以前的我都是以门外汉的眼光来判断。但来到巴黎以后，随着鉴赏法国绘画作品的经验不断积累，我渐渐能够领悟到画家们绘制作品的意图和真情了。历史的洪流并没有改变巴黎的模样，漫步在莫奈离去后的巴黎，画家想要描绘出的现实是什么呢？我常常自问自答尝试解释：追溯历史便能发现，法国曾屡屡遭遇严酷的局面，画家们也许在某一天便会迎来那优雅时代的结束，所以更想要记录这身着华美蕾丝裙的时代吧。

　　我每天都会经过的路位于雷阿尔（Les Halles）地区一角，这里曾作为"巴黎的厨房"被世人熟知。清晨，最窄的街道还没有被照亮。这是非常有古城巴黎味道的风景。在奶酪店的展示柜上，能看到多年锻炼出的堆放奶酪的技巧。不起眼的商品陈列，经过巴黎人的一番摆置，不知道为什么就会显得很美，而且比比皆是，真是不可思议。

　　从现在的街道依旧能想象出当年"巴黎的厨房"的盛况。在老字号甜品店里，在汇集了特色蔬菜和乡土物产的食材店中，在小酒馆林立的活力四射的街道上，每个商店都传出巴黎人的声音，热闹非凡。一闭上眼睛，脑海中就会浮现出摄影家罗伯特·杜伊斯瑙（Robert Doisneau）那幅肉店店主举着肉块的黑白照片，再配上四周的人声鼎沸，仿佛置身其中。

　　法国的肉店经营者、鱼店经营者、厨师、甜品师等专门的职员，从几个世纪前就持续穿着规定的制服，时至今日已经成为了这些职业的标签。他们走在路上，别人一看便知是什么店的店主。我想，这是自中世纪以来，在不同职业的组合制度下，伴随着给工匠授予称号的传统而遗留下来的。我认为，对法国来说，永不断绝的文化继承，无论在家庭中还是在职业中都体现着法国人珍视的自我认同感，体现着民族文化的特色。

左起：巴黎人休息的场所杜乐丽花园，位于花园对面的巴黎皇家宫殿的回廊，挂着蕾丝花片帘子的老酒馆。

　　巴黎人追求美食，店铺为了满足巴黎人的期待，不仅陈列时尚，内部装饰也十分吸引人。置身其中能感受到人们对商店和商品满怀爱意，这是一个充满爱的世界。

　　位于卢浮宫旁边的杜乐丽花园，每天都有园艺师进行打理。在他们精心照料下的杜乐丽花园，免费对大众开放。一想到杜乐丽花园每天都在刺激着巴黎人的感官，并治愈他们的心灵，我的心里就会莫名变得很温暖。

　　卢浮宫的对面，矗立着曾经是路易十四住所的巴黎皇家宫殿，仅回廊的高度就能让人联想到那段时光。望向回廊旁边的栅栏顶端，细腻的设计让人看得出神。

　　巴黎人讨厌陈设物品、内部装饰等全部使用新品，在巴黎的任何地方，都能遇到仿佛置身于古代巴黎的陈设。这附近有一家主打怀旧牌的甜品店，令人怀念古老而美好的时代。店内陈设了19世纪的灯罩等各种古老的物件。古老的东西，不可思议地出现在灯火通明的店内；传承多年的法式点心，却满满的都符合现代人的口味，能从中感受到法国人追求的高级感。

　　"为了不让留在我们心中的那份儿时对甜品的向往与回忆消失"，这是甜点师每天都有的想法。单单只是味道好是不能流传于世的，这便是巴黎甜点师的深意。

　　清晨，从巴黎各处飘来的法棍香气把我叫醒。虽然面包是法国人的主食，但卖法棍和可颂的商店，是清晨最早开店的，法国人会早早来买这些最经典的早餐。我所住的街区位于巴黎的中心地带，说这里的每条街上都有面包店都不为过。今天去哪家面包店买面包呢，在散步途中就可以决定。

在有餐位的面包店，可以一边欣赏着刚刚出炉的面包，一边置身面包香中喝一杯咖啡，尤其在冬日的清晨，总会不自觉地走向这里。在放松享用时，我瞥见桌子上放着一个没有盖子还有缺口的古董壶，里面装着砂糖。法国人是不会将裂了的古董或缺盖的壶马上丢掉的，他们会思考如何继续使用。这种样式的壶现在在家居店都很难找到。壶原本是泡茶工具，它超越了最初使用方式的限制，能再次以不同身份出现在餐桌之上，其中隐藏着珍爱生活的重要理念。

一走到外面，便会遇到建自古代的墙壁，感受到保留这座墙壁的意义，这便是世人读懂历史的瞬间。再向前走，在市场买到了新鲜的芜菁，因为我无法熟视无睹地从陈列精美的芜菁前走过。我的着眼点是应季蔬菜下面的藤筐。自从开设市场以来，一直在蔬菜下面默默奉献的筐，作为真正的工具越来越被人喜欢。

在散步的最后，我还会去喜欢的手工用品店逛一逛。曾经在法国的中部卢瓦尔地区，很多王公贵族都拥有城堡，室内装饰和服装用的面料必不可少。承载众多外国新技术的全新面料，或被王公贵族开心地穿在身上，或用于制作寝具、家具。

据说，卢瓦尔地区曾有生产丝带和装饰用品的工厂，但随着时代的变迁都已荒废，后来，这家手工用品店收购了工厂所有的库存，为我们展现出如调色盘般的美丽色彩。用高超技术染色而成的丝带挂满了一整面墙，都是现代没有的风格和颜色组合。我一边寻找从没见过的颜色，一边想到，这些色彩都是经过精心保管，才能呈现在大众面前的。

18世纪后期，王公贵族从为狩猎修筑城堡的卢瓦尔地区回到巴黎，当时，众多设计师也来到巴黎成立了工作室。除了设计师们，还有很多材料也被运至巴黎。在巴黎郊外，有很多王室御用设计师的工作室和材料仓库，有的后来还成为了资深设计师店。这是只有在定制连衣裙的有钱人非常多的街区才有的商业形式。

巴黎处处有历史的足迹。照片依次为：1/装入砂糖再利用的古董壶。2/平民的厨房——蒙特吉尔的商店街。3、4/流苏种类也非常丰富的手工店。5/嵌入砖块的古代墙壁。

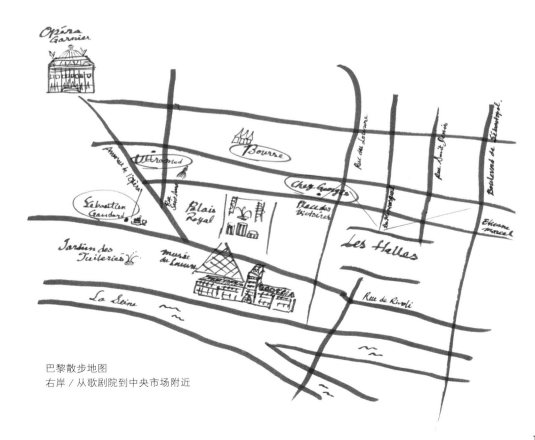

巴黎散步地图
右岸／从歌剧院到中央市场附近

La Brocante

寻宝

　　我不断探访古城堡，积累了越来越多关于法国历史的知识，在学习中，还收获了很多刺绣和蕾丝的知识。当我意识到的时候，我已经了解了桌垫的各种特性：这个是诺曼底常见的技法，这个是布列塔尼50年前的东西，这个是比利时的锁芯，这个是新的手工编织的东西，布列塔尼的棉麻是高级品，线捻得很牢固……我已经痴迷到了这种程度。

　　在跳蚤市场，每当发现装满精致的圆形桌垫的箱子，我的心里就会既激动又紧张。每当外出时发现不同样式的桌垫，就会非常开心，我已经开始只留意白色的布了。

　　因为从事时尚产业的相关工作，我从年轻时就频繁前往法国及欧洲其他国家。每当前往法国时，只要有时间，我都会去跳蚤市场，寻找一直沉迷于其中的美丽的欧洲手工艺。因为我出差前往法国时，时间是有限的，所以当时没有频繁购买。但住下来后，真正与充满历史气息、生机勃勃的巴黎相遇，自此，逛跳蚤市场也成了我每天的必修课。

　　刚刚移居巴黎的时候，我知道自己语言不通，也没有相关知识，又不满意价格，没办法买什么。后来，跳蚤市场里熟识的夫人教给我很多桌垫的历史价值和评估要点，我也磨炼了眼力。这期间，如果我提出想要什么样的东西，下个月她们就会带来我喜欢的东西等着我，她们还无私地传授给我很多桌垫的故事和技巧，把很多宝贝都让给了我。随着熟识的店越来越多，相应地，店里的蕾丝也越聚越多，光圆形桌垫就有好几百片了，我自己都十分惊讶。

　　为了碰到好的蕾丝，和店主的交流必不可少。因为不知道在哪儿会出现怎样美丽的蕾丝，所以必须多问多聊。

　　"Napperon rondancien"，意思是老的圆形桌垫。当桌垫被放在面前时，我便热情高涨，无比期待遇到独特的东西。我会仔细、快速地全部过目。各式各样的桌垫不断涌现出来，我一眼便能看出它们的来历。

　　蕾丝桌垫不仅有圆形、方形，还有我从没见过的形状。有的织片能感觉出有花、草的图案，有的织片能感觉到制作者想要表达些什么，有的棒槌蕾丝如笔触般细腻，还有棉、麻、丝等不同线材和捻线方式的蕾丝桌垫，还有带饰边的花片等。边缘处理和线头收尾完美的桌垫，无论怎么使用都能保持美丽。过大或过小尺寸的桌垫可能是为了特殊使用目的而制作的。

某一天的跳蚤市场
（巴黎12区）。

在巴黎，每个周末都会有地方开办跳蚤市场。
去你喜欢的街区的跳蚤市场，遇到心仪好物的可能性会更高。

在哪儿买？关于桌垫，基本都可在摆满老物件的旧货市场找到。各个市场分别经营食品饮料、老物件、旧书、二手服装等不同品类，通过各地自治体的许可建立。自治体的传单或街道的电线杆等处，都会写有市场的开办日期，从多处都能获得信息。正坐着巴士的时候，突然发现印有旧货商店信息的旗子，这种情况也不少，那时我便会中途下车，急急忙忙去寻宝了。

在法国，即使相同的古物，也有不同的分类。在法语中，古董指古美术品，而且是历经百年、有美术价值的美术品。家具、绘画、装饰品……有各个种类的古董。关于蕾丝，主要是针绣蕾丝和棒槌蕾丝才被称为古董。

另外，即使是同样老的东西，有些只能被叫作旧货，它们没有被称作古董的价值。旧货指用旧了的美的东西，以及正因为用旧了才有了那份美的东西，钩编蕾丝桌垫就属于这个分类。

古董和旧货的经营是在不同的卖场进行的，它们的卖场都分为有店面的专门店和定期、不定期开办的市场。

比如，招牌上写着"ANTIQUITÉ"的店是古美术商也就是具有古美术品经营资质的老板经营的古董专门店，而写着"BROCANTE"的店是经营古旧物品的商店，也就是将跳蚤市场级别的东西摆在了专门店里。

市场中还有一个分类是闲置转卖市场（Vide-grenier），可以解释为，为将放在阁楼中的旧衣服或者闲置物品腾空而出售的廉价二手市场。闲置转卖市场和旧货市场都可以称为"跳蚤市场"。

一次看遍众多桌垫的最佳方式，就是将其挂满一整面墙壁。
不仅大有看头，还能发现不同之处，非常有意思。

Une Grande Diversité
有关蕾丝

蕾丝是将线或绳类通过编、缠、捻等方法制作成的有透视图案的装饰布。在漫长的蕾丝史中，根据不同的文化职责，蕾丝的系谱主要分为两大分支。

一个分支是以王公贵族为主导，以蕾丝工匠为制作人发展而来的蕾丝——"针绣蕾丝""棒槌蕾丝"，被称为古董蕾丝的都属于这一分支。另一个分支主要是"钩针蕾丝"，是以平民为主导，大多也是通过平民的手制作并发展而来的。

据说在16世纪的威尼斯，诞生了能制作出美丽透视花样的蕾丝技法。作为东西贸易的重镇，在繁华的威尼斯，不仅有贵族，还聚集了很多做生意发财的人，他们都渴望奢华的生活。为了满足他们的需求，意大利的刺绣工匠创造出了雕绣工艺、抽绣工艺，以及被称为"网格刺绣蕾丝（Reticella）"的初期蕾丝技法。

在麻布上开方孔，在孔的四周施以扣眼绣，再在孔的镂空部分渡线，绣上各种线迹，就能出现玫瑰、斜十字几何花样。经过网格刺绣蕾丝的不断发展演变，17世纪诞生了空中刺绣蕾丝（Punto in Aria）的手法，它不使用底布，只用针和线便能完成花样。另外，加上从编绳（Passementerie）的应用中衍生出的棒槌蕾丝，蕾丝业逐渐发展为能撼动以后各国预算的宏大产业。

在法国，两位出生于佛罗伦萨的公主凯瑟琳·德·美第奇（Catherine de Médicis）和玛丽·德·美第奇（Marie de Médicis），将母国的蕾丝文化带入了法国宫廷。当时，王公贵族对蕾丝的需求已经大得惊人了，但法国生产的蕾丝远远不能满足这样的需求。于是，很多人购买从意大利或比利时等国家进口的高价蕾丝。改变这一局势的是后来的财政大臣让-巴普蒂斯特·柯尔贝尔（Jean-Baptiste Colbert）。

1665年，在法国主要地区设立了国家蕾丝制作工作室，承诺10年的资金援助，并发布了蕾丝进口禁令，自此拉开了法国蕾丝产业的大幕。

在巴黎以西173公里外，诺曼底有个小城市叫阿朗松（Alençon）。在这里的博物馆中，至今还在展出被称为"蕾丝皇后"的阿朗松蕾丝，据说要制作出1厘米见方的蕾丝，需一个织工7个小时的工作。阿朗松蕾丝是具有潇洒样式之美的文化遗产，出自法国蕾丝黄金期的工匠之手。

蕾丝的分类

◆针绣蕾丝　诞生于16世纪的意大利，在17世纪的法国基本发展完成，是用针和线制作的蕾丝的总称。它与棒槌蕾丝同为古董蕾丝，是古董蕾丝的代表之一，与空中刺绣蕾丝和阿朗松蕾丝同属一类。

◆棒槌蕾丝　利用小线轴"棒槌"将线缠绕、编织而成的蕾丝。包括尚蒂伊（Chantilly）蕾丝、瓦朗谢讷（Valenciennes）蕾丝、布鲁日（Bruges）蕾丝等。

◆钩针蕾丝　使用钩针制作的蕾丝的总称。因为制作技法比较简单，所以在16世纪作为在家庭中制作的蕾丝而被熟知，并在19世纪广泛流行。其中，模仿针绣蕾丝的爱尔兰钩针蕾丝颇为有名。另外还有回转蕾丝、发卡蕾丝等。

◆棒针蕾丝　利用棒针制作的蕾丝的总称。因其实用性和容易制作的特点，常被认为是家庭制作的蕾丝。尤其在德国蓬勃发展，被称为孔斯特蕾丝（艺术蕾丝）。

◆打结蕾丝　将绳类打结制成的蕾丝。包括Macramé绳结蕾丝、梭编蕾丝、土耳其花边（Oya）等。

◆刺绣蕾丝　雕绣蕾丝、抽绣蕾丝、网格刺绣蕾丝等。

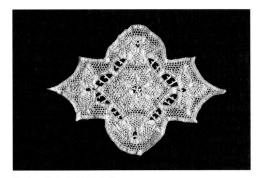

组合了布带的针绣蕾丝。

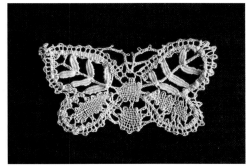

棒槌蕾丝小花片。

左起：边缘施以棒槌蕾丝的桌垫，梭编蕾丝的桌垫，棒槌蕾丝的桌垫。

冬季的杜乐丽花园。
巴黎很少降雪，所以巴黎的雪景难得一见。

用手刷的多米诺纸（Papier Dominoté）演绎的安托瓦内特·泊森（Antoinette Poisson）（→p.84）的世界，充满18世纪的美感。法国手工艺的成熟可见一斑。

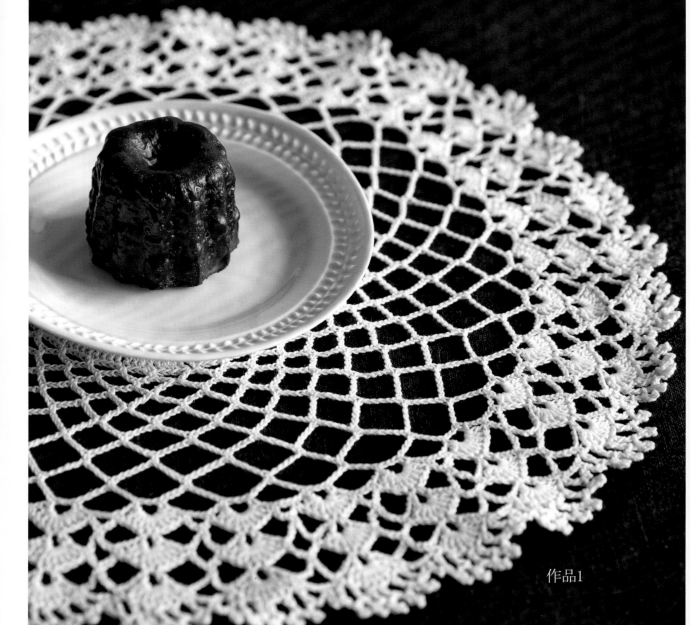

LES NAPPERONS
桌垫和制作方法

作品1

Arceau
网眼针花样

网眼针是制作蕾丝镂空花样的技法之一。它用短针和锁针呈波纹状制作花样，是一种广泛使用的钩织方法。

♦ 钩织20针锁针制作成圆环起针，用3针锁针作起立针，再钩织29针长针，钩织第1行。

♦ 第2~5行，在每行增加锁针的针数，钩织长针的方眼针，钩织30个格子。

♦ 第6行，在1个方眼中钩织4针长针。

♦ 第7~14行，一边增加锁针的针数，一边钩织网眼针。

♦ 第15行，每个网眼针都增加一山进行钩织，在第16~21行钩织边缘的编织花样。

饰边为3针锁针的狗牙拉针。

尺寸：直径26厘米

作品2

♦ 钩织12针锁针制作成圆环起针，用3针锁针作起立针，重复钩织7次"3针锁针、1针长针"，再钩织3
  针锁针，在起立针上钩织引拔针，钩织第1行。
♦ 第2～3行，将第1行的锁针作为花蕊钩织编织花样。
♦ 第4～12行，花瓣钩织长针，花瓣之间第8行及以前均钩织3针锁针的网眼针，第9行及以后钩织5针锁
  针的网眼针。
♦ 第13～14行，钩织7针锁针的网眼针。
尺寸：直径20厘米

作品3

$$\bigsqcup_{\times} = \bigsqcup_{\times} \bigsqcup_{\times}$$

下面一行的短针，按照1针短针、
3针锁针、1针短针的顺序钩织

♦ 钩织10针锁针制作成圆环起针，用3针锁针作起立针，钩织23针长针，钩织第1行。

♦ 第2行，用3针锁针作起立针，重复钩织"1针锁针、1针长针"，第3行在所有针目上钩织
长针。

♦ 第4～7行，如图所示钩织，第7行在不同的网眼针内分别钩入"2针未完成的3卷长针"，4
针一起钩织引拔针。

♦ 第8～10行，钩织变化的网眼针，如图在网眼和网眼之间钩织3针锁针的狗牙针。

♦ 第11～16行，钩织边缘的编织花样。

第16行的饰边为3针锁针的狗牙拉针，其余为3针锁针的狗牙针。

尺寸：直径22厘米

作品4

♦ 钩织8针锁针制作成圆环起针，用3针锁针作起立针，钩织19针长针，钩织第1行。

♦ 第2~4行，钩织2针长针，每2针长针为1组，每组之间钩织锁针分开，分成十等分的形状，第4行的锁针的中间1针上钩织1针长针。

♦ 第5~12行，在第4行的长针上如图所示钩织花瓣。

♦ 第13~20行，钩织边缘的编织花样。

饰边为3针锁针的狗牙拉针。

尺寸：直径17厘米

作品5

♦ 钩织9针锁针制作成圆环起针，用4针锁针作起立针，钩入23针长长针，钩织第1行。

♦ 第2~9行，如图所示由内向外钩织，第8行在前一行的5针长长针上，钩织长长针5针并1针，钩织花瓣。

♦ 第10~20行，以网眼针为基础由内向外钩织。

尺寸：直径18厘米

Feston
扇贝花边

蕾丝作品的花边，兼具装饰性与锁边的作用，由各种各样的花样组合而成。在大量的花边设计中，像扇贝的半圆形花样连成了扇贝花边。扇贝花边也是桌垫的常见镶边样式。

作品6

♦ 钩织9针锁针制作成圆环起针，用3针锁针作起立针，钩织20针长针，钩织第1行。

♦ 第2～3行，钩织7个花样的贝壳针。

♦ 第4行，重复钩织7次"1针短针和9针锁针"。第5行，整段挑起第4行的锁针钩织长针。
  第6行，挑起第5行长针的外侧半针用"扭针"钩织长针。

♦ 第7行，分别在第6行的锁针上钩织8针长针，第8～9行也用"扭针"钩织长针。

♦ 第10～14行，如图所示进行钩织。第13行，整段挑起前一行的锁针钩织爆米花针。

♦ 第15～22行，以网眼针为基础由内向外钩织。第21行，如图所示，分别在前一行的1针长针上钩织爆米花针。
饰边为3针锁针的狗牙针。

尺寸：直径24厘米

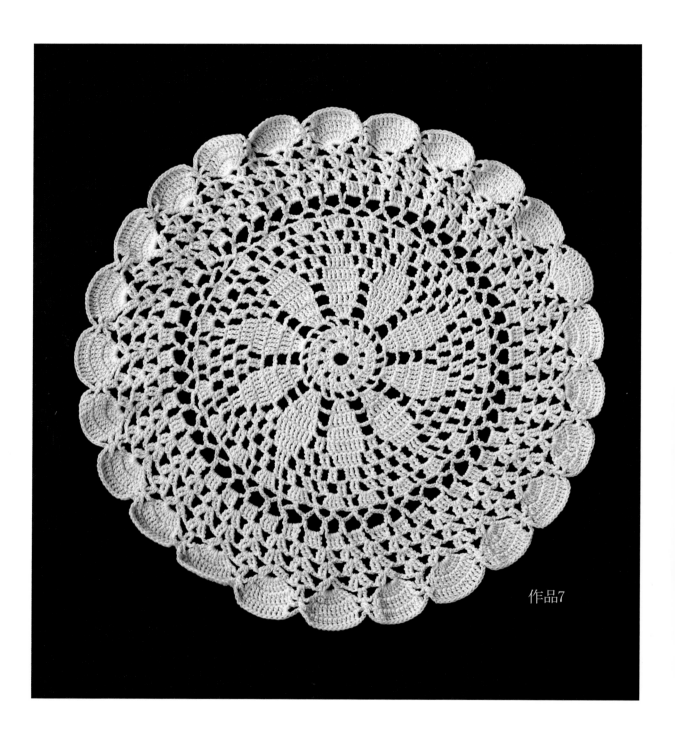

作品7

♦ 钩织9针锁针制作成圆环起针，用3针锁针作起立针，钩织19针长针，钩织第1行。
♦ 第2~4行，如图所示，钩织花蕊和编织花样。
♦ 第5~12行，用长长针钩织花瓣，第7行以前的花瓣之间钩织锁针。从第8行开始，花瓣之间钩织锁针和长长针。
♦ 第13~21行，用2行网眼针调整形状，如图所示，钩织边缘的编织花样。
尺寸：直径23厘米

作品8

♦ 钩织6针锁针制作成圆环起针，用3针锁针作起立针，钩织15针长针，钩织第1行。

♦ 第2行，用4针锁针作起立针，重复钩织"1针锁针、1针长长针"。
  第3行，在每1针锁针上钩织2针长针，在每1针长长针上钩织1针长针。

♦ 第4～10行，如图所示，呈拱形由内向外钩织，将线剪断。

♦ 第11行，在标记的位置挂线，用3卷长针和锁针调整形状。

♦ 第12～18行，钩织3行长长针的方眼针，然后在上面钩织边缘的编织花样。

第5行、第10行的饰边为3针锁针的狗牙针。其余为4针锁针的狗牙拉针。

尺寸：直径21厘米

Les Différents Usages
如何使用桌垫呢

　　桌垫是一种生活用品。我是收藏者而不是制作者，所以我是以实际使用的视角来选择桌垫的。

　　如前面所说，原本在法国，桌垫被称为"Napperon"，它的历史可以追溯到18世纪王族中流行的蕾丝热潮。贵族们争相将蕾丝用于衣装或装饰上。在甜品开始摆上餐桌的时代，点心下面也会垫上蕾丝，显得更加有品位；为了不让滴落的水弄湿桌子，在水瓶的下方也会垫上桌垫。这就是桌垫作为Napperon（法语意为小台布）的用品的概念。

　　当时的主流桌垫样式，是在中心部分绷一块抹布或棉布，四周施以蕾丝或刺绣的装饰。放上盘子或水瓶时，恰好与配饰部分的装饰相映成趣，所以多数的桌垫都是有饰边的设计。

　　在现代，能见到蕾丝桌垫各种各样脱离生活用品概念的使用方法，都非常有魅力。将几片重叠在一起的桌垫拼贴后放入相框，或用亚克力板夹起来作为装饰装裱起来，桌垫的蕾丝设计更加凸显艺术感，拥有了视觉上的美感，也有了现代感。

桌垫和古董酒杯。
寻找适合自己生活的使用方法，
无须被既有观念束缚。

旧桌垫中也有不那么完美的，比如歪歪扭扭的，或是针目旁逸斜出的。但是，仔细凝视一下就会发现它是那么可爱，让人无法忽略它的存在。

制作者会是谁呢？也许是小女孩儿的处女作吧，可以从时松时紧的力道和针目的不统一性看出手法的不成熟。法国曾是一个长期受战争困扰的国家，所以也曾有过纸张弥足珍贵的时代。长辈教给孩子的钩织技巧，都是通过面对面、手把手的方式传承下来的。拙劣也有拙劣的味道，也是花费大量时间，通过不断努力制作而成的。这样的作品令我会心一笑，竟也买了下来。

想象一下，在一片桌垫做好的瞬间，妈妈或奶奶或许会对女儿或孙女说："这个世界上没有任何一件失败的作品哟！"这样一想便能欣然接受这些作品，并端详许久。试着用上这些作品做拼贴画，每块桌垫都能绽放出它的个性与色彩，仿佛重获新生。呈现方式全凭使用方式上的创意。下方的照片中，也有不成熟之作，但融入其他作品后就看不出来了。即使发现了它，也会觉得它让整体看起来那么可爱。

在跳蚤市场发现的绣有人名首字母的缎带。
不同名字分别放在不同的盒子里，整齐地摆放着。

随意摆放的蕾丝。
一旦发现，便会不假思索地收入囊中。

Moderne

时尚花片

1920年代的巴黎，在那时发行的女性小报*Mon Ouvtage*上，每一期都会刊登用钩针或方眼蕾丝制作窗帘或桌垫的方法，标题是"家中的装饰"。在这个新思想、新艺术诞生的时代，针线活儿已经成为巴黎人的一项休闲活动了。

作品9

连续钩织的饰边

a～c的3个饰边，全部在
同一针上引拔

♦ 钩织12针锁针制作成圆环起针，用3针锁针作起立针，钩织23针长针，钩织第1行。
♦ 第2行，一边加针一边用长针钩织。第3行，重复钩织2针长针并1针与6针锁针。
♦ 第4行，用1针锁针作起立针，重复钩织"1针短针、4针锁针"。第5～7行用长针钩织。
♦ 第8行，钩织拱形的花样。第9～15行用2针长长针和锁针钩织26等分的形状。
饰边为8针锁针的狗牙拉针和连续钩织6针锁针、8针锁针、6针锁针的狗牙拉针。

尺寸：直径16厘米

作品10

♦ 钩织10针锁针制作成圆环起针，用3针锁针作起立针，钩织23针长针，钩织第1行。

♦ 第2~4行，如图所示，钩织中心的花朵花样。第4行的长针要分开前一行的锁针针目进行钩织。

♦ 第5行，在花瓣的1针长针上钩织1针长长针和2针长长针的枣形针。

　第6行的长长针和枣形针☆，在前一行的2组长长针和枣形针之间钩入。

♦ 第7~11行，第10行以前用2针长针和2针锁针钩织，第11行用2针锁针和3针长长针钩织。

　尺寸：直径18厘米

作品11

♦ 钩织8针锁针制作成圆环起针，用3针锁针作起立针，钩织15针长针，钩织第1行。

♦ 第2行，在第1行的长针上钩织3针3卷长针的枣形针，枣形针之间钩织5针锁针。

♦ 第3～10行，用2行网眼针由内向外钩织。第5行，分开前一行网眼针的锁针针目，钩织1针短针，再用2针锁针
作起立针，整段挑起锁针钩织长针。第6～8行也用相同的方法钩织。

♦ 第9～15行，钩织网眼针和长针，在上面钩织边缘的编织花样。

饰边为4针锁针的狗牙拉针。

尺寸：直径19厘米

作品12

♦ 钩织6针锁针制作成圆环起针，用3针锁针作起立针，重复钩织9次"1针锁针、1针长针"，
　 再钩织1针锁针，在起立针上钩织引拔针，钩织第1行。

♦ 第2行，在第1行的锁针上钩织3针长针的枣形针，再钩织2针锁针。

♦ 第3～13行，如图所示，由内向外钩织编织花样。

尺寸：直径10厘米

作品13

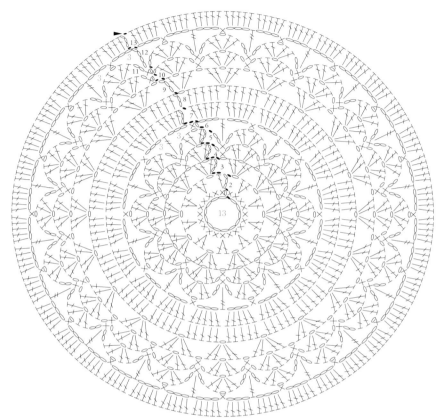

♦ 钩织13针锁针制作成圆环起针，用1针锁针作起立针，钩织20针短针，钩织第1行。

♦ 第2～5行，如图所示，钩织中心的花朵花样。

♦ 第6～8行，用长长针和锁针调整形状，再在上面钩织2行长针。

♦ 第9～13行，按照第3～7行的钩织方法由内向外钩织。

尺寸：直径16厘米

Mode et Dentelle
时尚与蕾丝

应该会有不少人注意到，法国老店品牌的很多商品都使用了蕾丝。一穿上加入了蕾丝的服装，比如短裙或衬衫等等，整个人都会莫名优雅起来。为什么蕾丝一上身就会令人散发出优雅的气质呢？追溯历史，便能找到答案。

16世纪，法国进口了属于针绣蕾丝的威尼斯蕾丝。当时嫁入法国的美第奇（Médicis）家族的王妃们，带来了用于领口和袖口的蕾丝，自此人们对蕾丝的认知度越来越高。大量运用复杂工艺的美丽蕾丝不仅立刻迷住了王公贵族，还被看作是特权阶级权力的象征。由此，美丽的蕾丝给大众阶层留下了"憧憬""优美""时髦"的印象，但直到王权终结前都离他们很远很远。

历史上，在重视蕾丝产业发展的欧洲国家中，开始主要由修道院培养蕾丝工匠，并将其作为收入来源之一。另外，据说在大力发展蕾丝产业的英国，因以时髦闻名的维多利亚女王在结婚典礼上身着纯白色的蕾丝婚纱，自此在结婚典礼上穿蕾丝婚纱的习惯便广为流传。日本也承袭了这一习惯，其实它原本是与蕾丝产业的发展联系在一起的，时髦女王的穿着仅是契机。

法国革命后的1809年，蕾丝的世界里发生了革命性的事件。欧洲工业的发展促使机械编织蕾丝诞生了。19世纪，机械编织蕾丝渗透至大众阶层，手工蕾丝产业进入了衰退期。但是，时髦又富庶的巴黎人，依然在高级时装店（定制服装店）用蕾丝制作独一无二的连衣裙。

随着历史的推进，蕾丝热的浪潮时强时弱，但在如今，还能见到当时的工匠制作的蕾丝，以及用老店流传的精湛技术织就的致密的蕾丝，何其幸福啊，每一片蕾丝都有它的故事。

我在工作中见到的蕾丝，是出自顶级定制师（拥有过人技术的制衣师）之手的艺术作品和以机械编织蕾丝为基础的高级成衣服装。巴黎每年都会举办两次时装周，全世界的时尚产业相关人士都会聚集于此。为了配合时装周，美术馆还会展出知名制衣店的档案，可以借此了解在这一时期拥有卓越技术的专业制衣师的工作状态。

有一次，我走在街头，邂逅了无比美丽的蕾丝作品。询问之下得知，制作者梅森·吉列米特（Maison Guillemette）是原香奈儿制作团队的一员。漫步于巴黎，总有不期而遇的惊喜，不愧为时尚之都。

　　她设计的作品包括运用北法蕾丝的日常时装和婚纱。北法是优质麻产地，棒槌蕾丝展现出当地的风土人情。她不仅熟知有关线的知识和蕾丝的特点，作为设计师，还一边了解穿着者的需求，一边在色彩缤纷的优雅世界中展现着自身的审美意识。

　　现在，依然有很多人为蕾丝着迷。蕾丝产业是法国经济发展的一大支柱，富裕的巴黎人会把自己打扮得很时髦。像梅森·吉列米特这样关注蕾丝产业的人，可以说是继承了历史上珍贵的遗产吧！我也在小心翼翼地使用着收集来的蕾丝，享受它们带给我的乐趣。同时，也希望自己在今天能为传承蕾丝的历史送上一份礼物。

梅森·吉列米特的连衣裙和饰品。
设计独特的连衣裙上运用了北法的蕾丝。

生活与花。
每当得到美丽的东西，我便会来到阳台，看看颜色、拍拍照，观察细节。

在大的蕾丝桌垫上铺上荷叶。
在旧果酱罐中铺入水苔，插入切花，让花朵更引人注目。

Rosace

玫瑰花

玫瑰花从古希腊时代开始便受到世人的喜爱，被意象化，从建筑物到纺织品，甚至王族的徽章中都使用过玫瑰花。玫瑰花花样在钩针钩织的桌垫中也不可或缺，它是花瓣从中心向外呈放射状排列的圆形花朵花样。

作品14

♦ 钩织20针锁针制作成圆环起针，用4针锁针作起立针，分开起针的锁针针目，重复钩织9次
  "4针锁针、2针长长针"，再钩织4针锁针、1针长长针，在起立针上钩织引拔针，钩织第
  1行。
♦ 第2行，在第1行的锁针上钩织7针长针，钩织花瓣，长针之间钩织1针锁针。
♦ 第3～6行，用长针钩织花瓣，花瓣之间钩织锁针，继续由内向外钩织。
♦ 第7～9行，花瓣的长针进行减针钩织，花瓣之间钩织扇贝花样。
尺寸：直径17厘米

作品15

边缘的三角形的钩织方法

钩织完②后，在针上绕4次线，钩织③的5个未完成的长长针，钩织③的枣形针后完成③'的长长针。⑤在③的顶部钩织

♦ 钩织5针锁针制作成圆环起针，用3针锁针作起立针，钩织11针长针，钩织第1行。

♦ 第2～11行，用长针钩织大小花瓣。花瓣之间，第7行以前钩织锁针，第8行以后用长针的方眼针钩织。

♦ 第12～15行，以方眼针为基础，用长长针和枣形针钩织编织花样。在第15行按照①～⑦的顺序钩织边缘上的花样。

尺寸：直径24厘米

作品16

♦ 钩织20针锁针制作成圆环起针，用3针锁针作起立针，钩织29针长针，钩织第1行。

♦ 第2～5行，用长针钩织花瓣，花瓣之间用锁针钩织。

♦ 第6～9行，在花瓣之间用长针和锁针钩织枣形针的底座部分，在上面钩织3针长针的枣形针。

♦ 第10～12行，以网眼针为基础，用中长针、长针、长长针钩织边缘的编织花样。

尺寸：直径12厘米

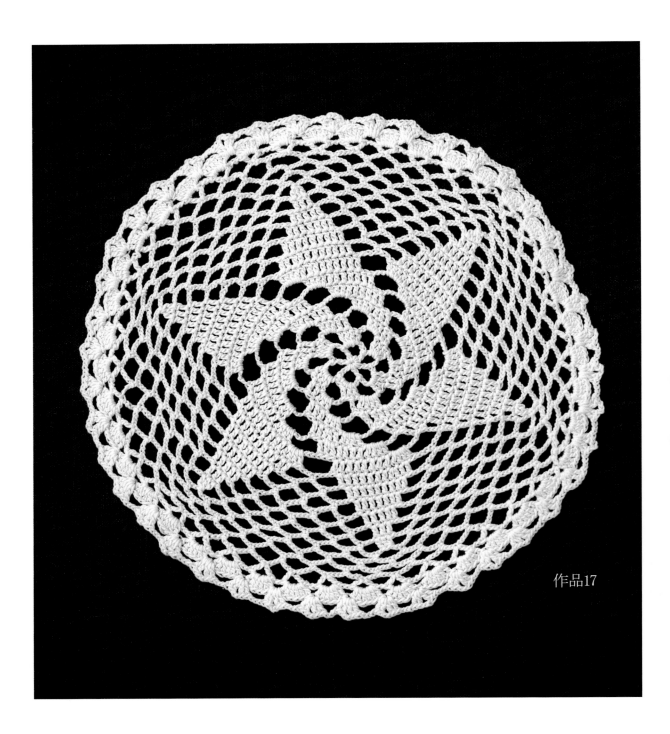

作品17

♦ 环形起针，钩织3针锁针作起立针，重复钩织5次"5针锁针、1针长针"，再钩织5针锁针，在起立针上钩织引拔针，钩织第1行，将环形收紧。

♦ 第2行，在第1行的锁针上重复钩织"4针长针、5针锁针"。

♦ 第3～13行，用长针钩织花瓣。花瓣之间，第7针以前用锁针钩织，第8针以后用网眼针钩织。

♦ 第14～16行，一边钩织锁针加针，一边用网眼针钩织。

♦ 第17～19行，钩织边缘的编织花样。

尺寸：直径18厘米

Bleuet

矢车菊

作品18

♦ 钩织4针锁针制作成圆环起针，用3针锁针作起立针，重复钩织5次"2针锁针、1针长针"，再钩织2针
  锁针，在起立针上钩织引拔针，钩织第1行。

♦ 第2～14行，在前一行的长针上钩织"1针长针、3针锁针、1针长针"，钩织花瓣。
  花瓣之间，第6行以前钩织3针锁针，第7行以后钩织2针锁针，第11行以后如图所示钩织边缘的编织
  花样。

♦ 第15～21行，钩织边缘的编织花样。第21行的☆为将第18～20行的锁针全部挑起，用短针包裹着钩
  织。

尺寸：直径20厘米

作品19

♦ 钩织16针锁针制作成圆环起针，用3针锁针作起立针，分开起针的锁针针目，重复钩织7
　次"4针锁针、1针长针"，再钩织4针锁针，在起立针上钩织引拔针，钩织第1行。
♦ 第2行，在第1行的锁针上重复钩织"3针长针、3针锁针"。
♦ 第3～12行，用长针钩织花瓣。花瓣之间用锁针钩织，第9行以后用长针的方眼针钩织。
♦ 第13行，钩织边缘的编织花样。
饰边为3针锁针的短针狗牙针。
尺寸：直径14厘米

Motifs de Roses

立体玫瑰花

桌垫并非只有平面的。让我认识到这一点的，是钩织出模拟玫瑰花的立体花片的桌垫。一针一针精心钩织，仿佛还不足以展现它的美，又在边缘的圆形部分组合了细腻的玫瑰花花片，凸显出立体感。真是精彩的创意啊！越看越被其每一处精致的手工感动。

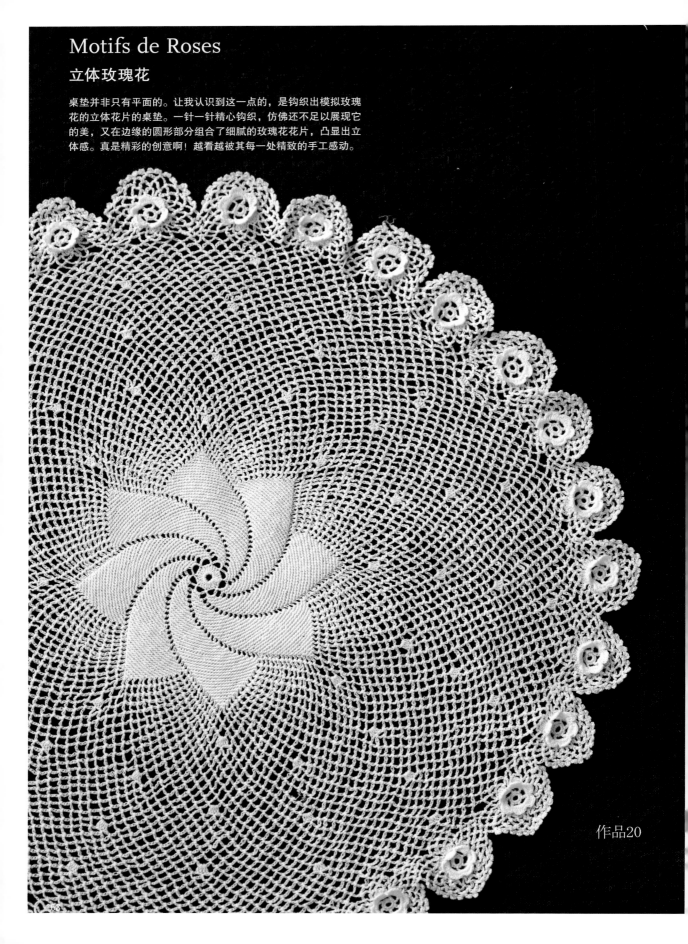

作品20

♦ 钩织16针锁针制作成圆环起针，用3针锁针作起立针，钩织23针长针，钩织第1行。

♦ 第2行，用7针锁针的网眼针钩织出8个波峰。

♦ 第3～36行，用短针钩织花瓣。花瓣之间，第24行以前用锁针钩织，第25行以后用4针锁针的网眼针钩织。

♦ 第37行，用4针锁针的网眼针钩织出104个波峰。

♦ 再以网眼针为基础钩织至第68行。

　单独钩织边缘上的花片，钩织第69行时，用短针拼接在一起（钩织方法、连接方法→p.70）

尺寸：直径32厘米

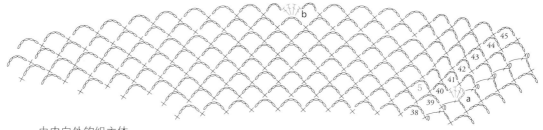

由内向外钩织主体

◆ 第38~39行，用5针锁针的网眼针钩织出104个波峰。

◆ 第40~44行，在位于花瓣顶点的网眼针的8处，钩入4针长针，钩织a加针。

◆ 第45行，在位于a加针中间的网眼针的8处，钩入4针长针，钩织b加针。

◆ 第46~67行，在第49行、第58行、第67行重复钩织a加针，在第54行、第63行重复钩织b加针。

◆ 第68行，用5针锁针的网眼针钩织出160个波峰，休线备用。

第2片的花片　　　　　　　　　第1片的花片　　　　　　　　　第28片的花片

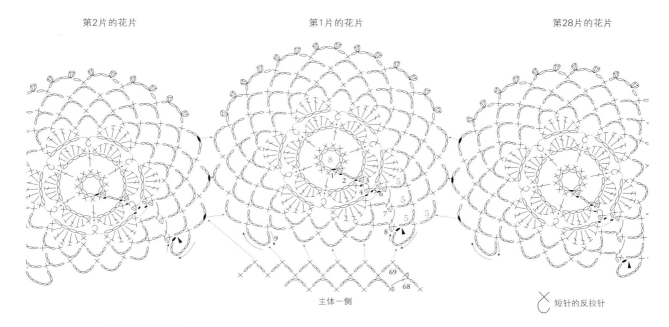

钩织边缘的花片

♦ 钩织8针锁针制作成圆环起针，用1针锁针作起立针，钩织12针短针，钩织第1行。

♦ 第2行，用3针锁针作起立针，重复钩织"4针锁针、1针长针"。在第3行上整段挑起锁针，用松叶针钩织花瓣。

♦ 第4行，将花瓣倒向自己一侧，在第2行长针的根部从另一侧入针，钩织短针的反拉针，然后钩织4针锁针。在第5行钩织花瓣。

♦ 第6~7行，用5针锁针的网眼针钩织出18个波峰。第8行，在钩织好第14个波峰后，将织片翻至反面。向相反方向钩织第9行的15个波峰，将线剪断。饰边为3针锁针的狗牙拉针。

♦ 将28片花片用引拔针连接，钩织成环形。

主体的花片连接

♦ 钩织休针的主体的第69行。这时，从花片一侧的网眼针的反面入针，钩织短针。

主体和花片一侧的网眼针的波峰数不同，所以需要一边调整一边钩织。用6个波峰连接的花片共拼接3片，用5个波峰连接的花片共拼接1片，以此为1组重复6次，剩余的用6个波峰拼接2片，用5个波峰拼接2片。

Motif Géométrique
几何花样

几何花样一直是编织中广受欢迎的一种设计。将各种不同的几何花样设计融入一片小小的桌垫中，也是令人非常惊叹的一款设计。

作品21

⌄	1针放3针短针
5⌄	1针放5针短针

♦ 钩织15针锁针制作成圆环起针，用3针锁针作起立针，钩织23针长针，钩织第1行。

♦ 第2行，用3针锁针作起立针，重复钩织"1针锁针、1针长针"。

♦ 第3行，如图所示，在前一行的其中7针长针上，分别钩织7针长长针的条纹针。

♦ 第4~18行，如图所示，由内向外钩织编织花样。

尺寸：直径21厘米

Motif Paon

孔雀花片

像美丽的孔雀羽毛一样的花片，这个设计非常吸引人。
编织花样如同孔雀羽毛一般层层展开，钩织技法较为复杂。
这个桌垫气质优雅，看起来与和风器具很相配。

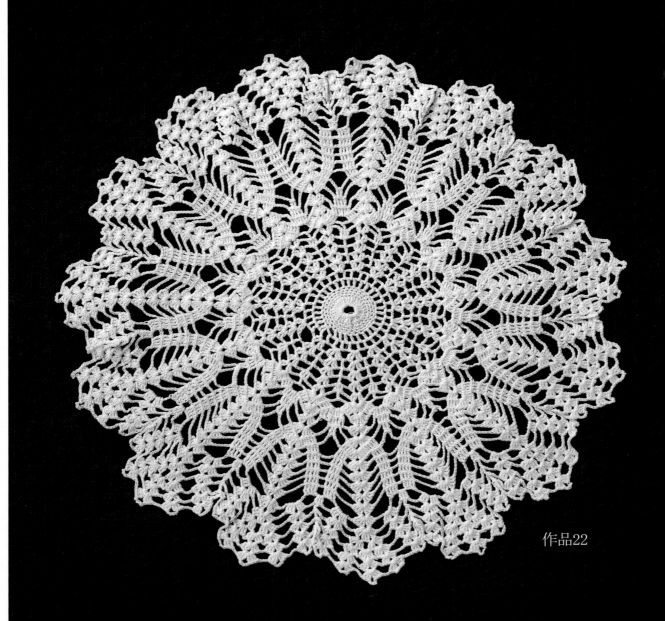

作品22

♦ 钩织15针锁针制作成圆环起针，用4针锁针作起立针，钩织29针长长针，钩织第1行。

♦ 第2～4行，无加减针地钩织短针。

♦ 第5～27行，如图所示，由内向外钩织编织花样。

尺寸：直径26厘米

Pomme de pin

松塔

它在日本叫菠萝花样，但在法国叫松塔花样。也许因为松树和松塔是繁盛的象征，在欧洲一直都被作为简洁的装饰使用。虽然每个国家对花样的叫法不同，但是编织花样时的乐趣却是相通的，一起来分享钩织花片的快乐吧。

作品23

♦ 钩织10针锁针制作成圆环起针，用4针锁针作起立针，再钩织1针长长针。

　重复钩织7次"2针锁针、1针放2针长长针"，再钩织2针锁针，在起立针上钩织引拔针，钩织第1行。

♦ 第2～18行，如图所示，在第6行的5针锁针上分别钩织10针长长针，在上面钩织菠萝花样。

饰边为5针锁针的狗牙拉针。

尺寸：直径21厘米

作品24

♦ 钩织7针锁针制作成圆环起针，用4针锁针作起立针，再钩织2针长长针。重复钩织5次"3针锁
　针、1针放3针长长针"，继续钩织1针锁针，再钩织1针中长针作起立针，钩织第1行。

♦ 第2～19行，分成6个菠萝花样进行钩织。在第11行，在每两个菠萝花样之间分别钩织9针锁针。
　第12行，分开第4～6针的锁针，钩入3针长长针，钩织边缘的编织花样。
　为了展开时更美观，需要随时调整花片上的网眼针的个数。

♦ 第20行，一边钩织长长针，一边在锁针的顶端钩织饰边。
饰边为3针锁针的狗牙拉针。

尺寸：直径32厘米

作品25

装饰针

a

钩织3针锁针，再在第1针长针上钩织2针长针，完成枣形针。

b

钩织3针锁针，再在第3针长针上钩织2针长针，完成枣形针。挑起刚刚钩织好的枣形针的头部和根部，继续钩织3针锁针的狗牙拉针。再钩织3针锁针，下一个枣形针也挑起和饰边相同的针目进行钩织。

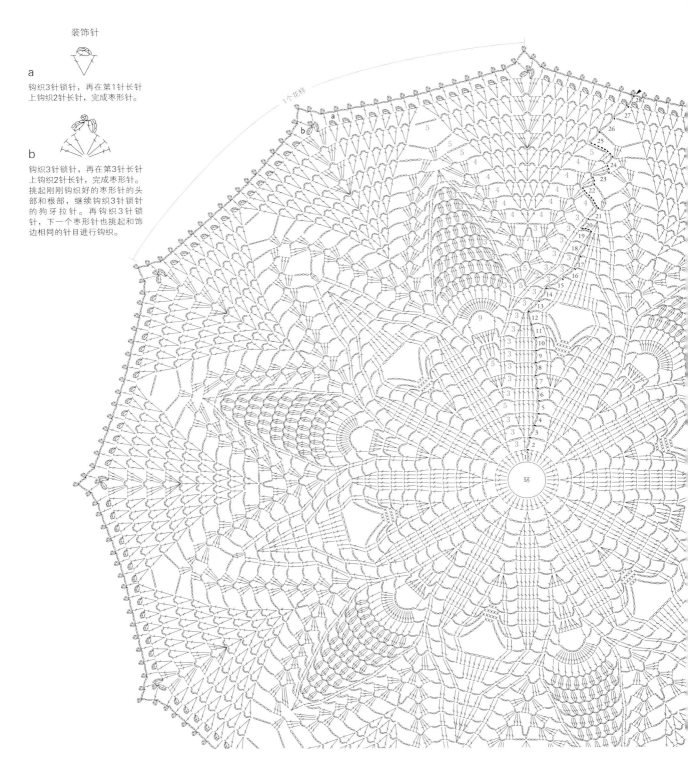

♦ 环形起针，用3针锁针作起立针，钩织35针长针，钩织第1行，将环形收紧。

♦ 第2～12行，用长针钩织花瓣的花样。从第6行以后，在花瓣之间钩织菠萝花样。

♦ 第13～25行，钩织菠萝花样。从第19行以后，在菠萝花样之间钩织边缘的编织花样。

♦ 第26～28行，钩织边缘的编织花样。

饰边为3针锁针的狗牙拉针。

尺寸：直径37厘米

饰边和装饰针

本书中的桌垫，均使用了饰边和有装饰效果的装饰针。

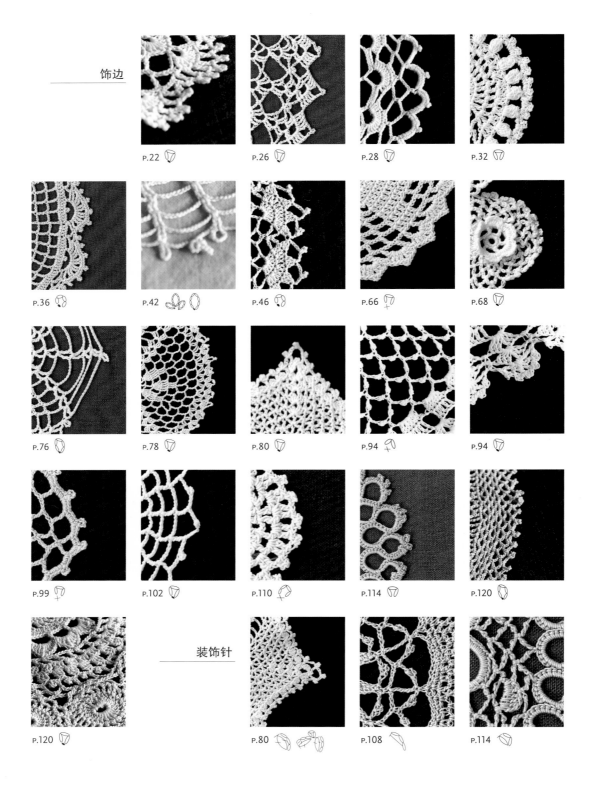

饰边

P.22 P.26 P.28 P.32

P.36 P.42 P.46 P.66 P.68

P.76 P.78 P.80 P.94 P.94

P.99 P.102 P.110 P.114 P.120

装饰针

P.120 P.80 P.108 P.114

有时会遇到技法完美的桌垫。
仔细一看就会发现，在整圈花边上，
都以相等间隔钩织了许多小小的狗牙边。
在每一个角的顶端，
还会施以另一种狗牙边。
看着令人难以置信的钩织得密密麻麻的织片，
能感觉到制作者很喜欢狗牙边。从他一丝不苟的态度中，
其钩织的熟练程度也可见一斑。

Du Fil au Papier
桌垫与蕾丝纸的关系

"从什么时候开始，又是为什么，桌垫从手编的换成纸质的了呢？"

在日常生活中充满了蕾丝花样的法国，漫步街头的话，与蕾丝相遇的频率会远远高于你的预想。比如，画在布列塔尼乡土点心罐子上的桌垫，在18～19世纪的绘画作品中的桌子上，在跳蚤市场遇到的贺卡上……不难看出，法国人的生活中到处都有蕾丝的影子。

p.85为法国工业革命刚刚爆发时生产的用于放置点心的蕾丝纸。这些耗材来自一家已停业的甜品店，我有幸得到了它们。每一片的雕花都惊人的致密，而且轻薄得能透视到反面。狗牙边的部分施以卓越的设计与技术，让人不禁疑惑这是不是真的针绣蕾丝桌垫。模仿桌垫的纸能精美到如此地步，可见其制造技术已是登峰造极。在那个时代，蕾丝纸做得如此精美也是有原因的吧。

在工业革命的大环境下，桌垫也在发生着变化。从需要洗涤的低效的线制蕾丝，发展为一次性的、方便的纸制蕾丝，真可以说是桌垫革命。

欣赏着时代久远的优美蕾丝纸的同时，也要接受它数量稀少的现实。将贵重的蕾丝纸垫在点心下面，用完后随手一扔，我觉得这样"罪孽"的行为真是太无情了。我们应当思考如何好好利用它们，如何让它们连接未来。

送给我这些蕾丝纸的，是复刻18世纪壁纸的巴黎工匠安托瓦内特·泊森（Antoinette Poisson）。为了不让工业革命前的手拓印刷技术在这个时代衰退，他的团队一边传承着传统技法，一边让这些技法融入现代生活，开展技术、文化的保护活动。18世纪法国的设计，无比美丽，富有吸引力，反映着当时法国社会的财力与权威，以及王室的奢华之风。

将蕾丝纸和安托瓦内特·泊森的壁纸摆在一起，便能看出无比完美的融合。

无论是手工的桌垫还是蕾丝纸，除了可以单独使用，尝试突破常规使用方法也十分有趣。巴黎流行礼品包装，会在礼物上下一些小功夫，比如添加香气等等。在制作时加入使用方法上的创意，体现出蕾丝纸在现代生活中的创新式应用。

添加了薰衣草香气，用作礼物包装。

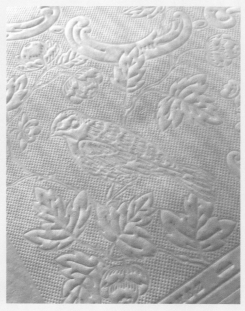

18世纪的一种壁纸设计。

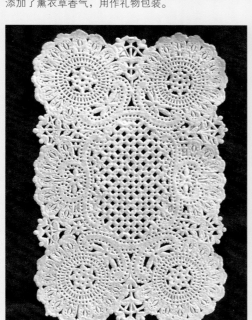

曾是耗材的蕾丝纸，雕花非常美。

添加了博爱的象征——橄榄枝。

利用多米诺纸的裁边创作的艺术品。
要扔的纸也可以灵活再利用，这就是巴黎人的风格。

白线刺绣的艺术品。
王冠以刺绣完成，花蕊部分将布剪掉后再用线缝制，做成镂空图案。

Carré

方形

桌垫一般都是圆形或椭圆形的，但其中也有钩织成方形或星形等极富时尚感的。照片中的桌垫，是按照方形花片的钩织要领钩织而成的，中间加入了枣形针，这个设计经过了深思熟虑。p.90的桌垫钩织成了六角星，通过后期补充钩织完成了星形。桌垫也可用于罩住沙发等家具，结合家具的形状多会钩织成方形。

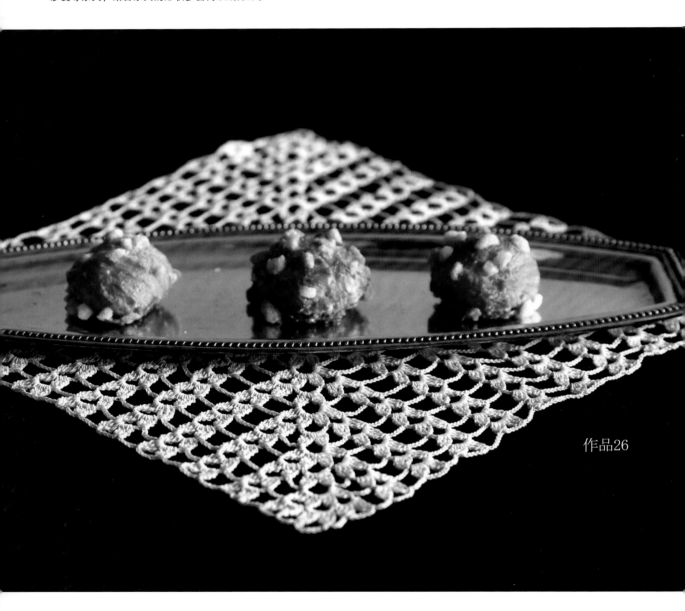

作品26

♦ 钩织14针锁针制作成圆环起针，用3针锁针作起立针，钩织23针长针，钩织第1行。

♦ 第2行，用3针锁针作起立针，重复钩织"1针锁针、1针长针"。

♦ 第3行，用网眼针钩织出24个波峰，这时用2针锁针的网眼针钩织好5个波峰后，下一个网眼针就要用5针锁针钩织，制作角。

♦ 第4～14行，在角上加针，同时由内向外钩织。

尺寸：21厘米×21厘米

Etoile

六角星

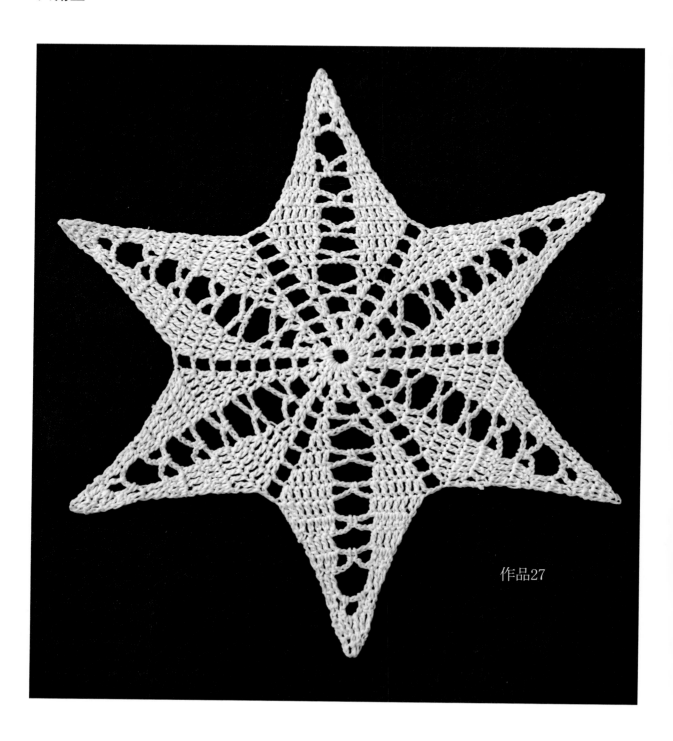

作品27

♦ 钩织12针锁针制作成圆环起针，用3针锁针作起立针，钩织2针长针，重复钩织5次"2针锁针、3针长针"，再钩织2针锁针，在起立针上钩织引拔针，钩织第1行。
♦ 第2~8行，分成6个花样，如图所示，环形钩织。
♦ 往返钩织花样的后续部分（①的第9~17行），将线剪断。
♦ 分别挂线，往返钩织②~⑥的第1~9行。

尺寸：宽22厘米

Décagone
十角星

作品28

♦ 钩织12针锁针制作成圆环起针，用3针锁针作起立针，钩织19针长针，钩织第1行。

♦ 第2~3行，用4针锁针作起立针，重复钩织"3针锁针、1针长长针"。第3行用5针锁针的网眼针钩织。

♦ 第4~16行，如图所示，由内向外钩织出10个花样。

尺寸：宽18厘米

Ovale

椭圆形

让人一见倾心的椭圆形桌垫。自这片之后，我也仅仅见过屈指可数的几片椭圆形蕾丝，
它在我的收藏中是如梦幻般的存在。
从上方俯视时，会惊诧于它和茶壶的匹配感，均衡的比例仿佛经过严密计算一般。
虽然也遇到过其他几片椭圆形桌垫，但如此美丽和谐的椭圆形桌垫再也没有见过。
也许因为椭圆形做起来非常难吧。

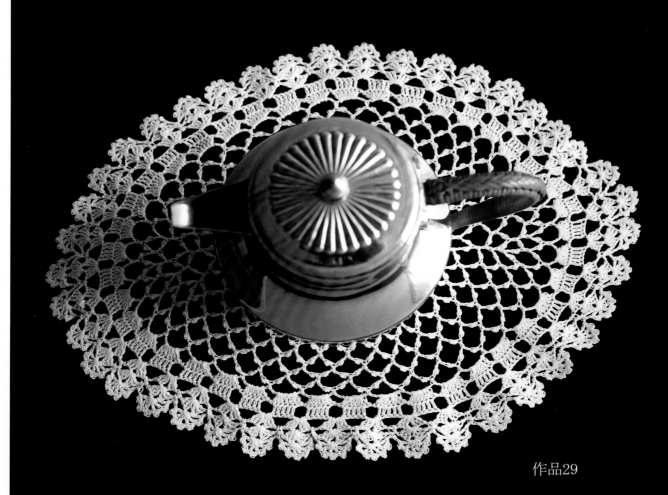

作品29

变形的网眼针

a的饰边是在第2针锁针上钩织短针。
b的饰边是在下一针锁针的第3针上钩织短针。

◆ 钩织18针锁针制作成圆环起针，用1针锁针作起立针，钩织22针短针，钩织第1行。
◆ 第2~4行，如图所示加针，由内向外钩织成椭圆形。
◆ 第5~12行，重复钩织变形的网眼针，也就是在网眼的2个位置上钩织2针锁针的短针狗牙针。
◆ 第13行，钩织7针锁针的网眼针。第14~18行，钩织边缘的编织花样。
第18行的饰边为3针锁针的狗牙拉针。
尺寸：长28厘米、宽22厘米

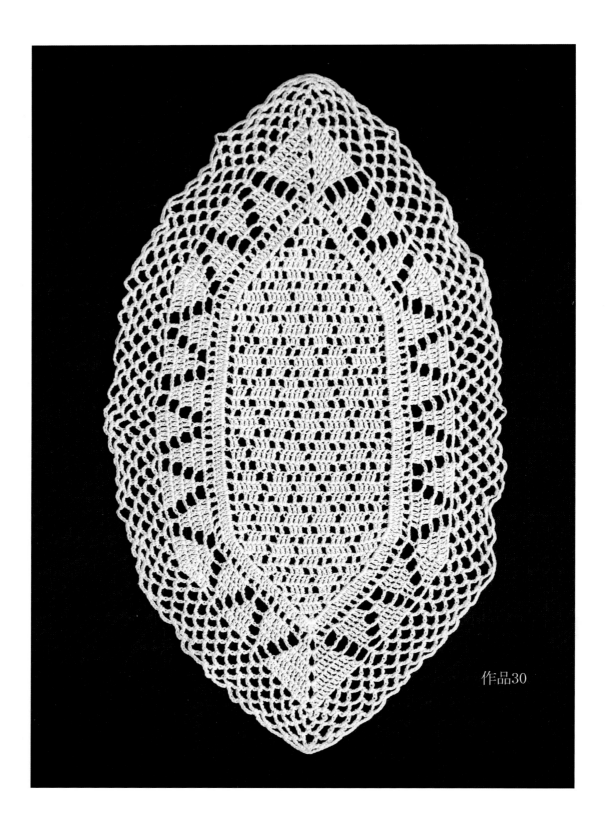

作品30

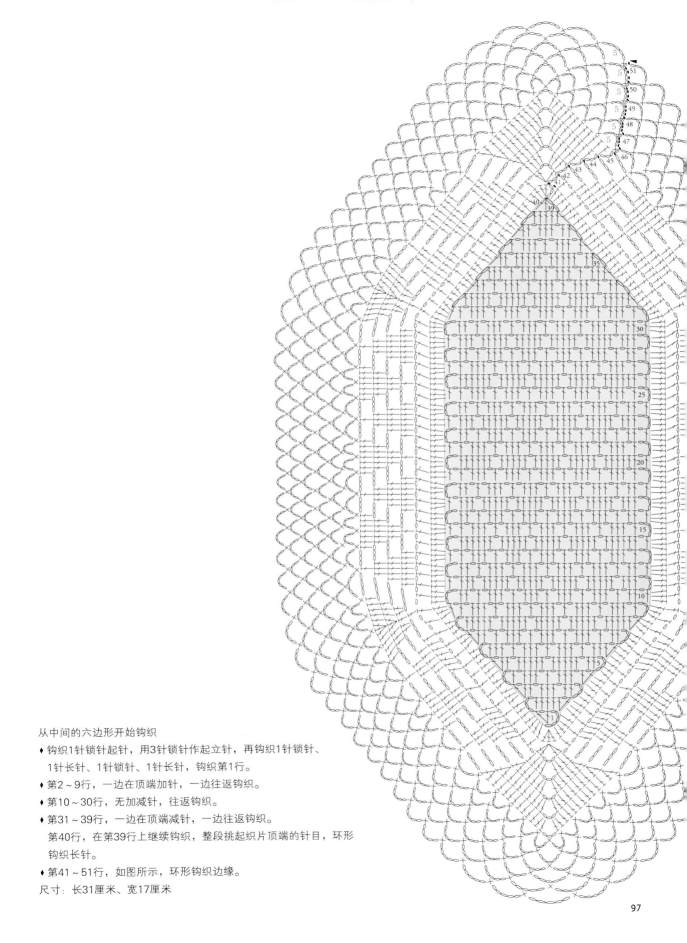

从中间的六边形开始钩织

♦ 钩织1针锁针起针，用3针锁针作起立针，再钩织1针锁针、
　1针长针、1针锁针、1针长针，钩织第1行。

♦ 第2~9行，一边在顶端加针，一边往返钩织。

♦ 第10~30行，无加减针，往返钩织。

♦ 第31~39行，一边在顶端减针，一边往返钩织。
　第40行，在第39行上继续钩织，整段挑起织片顶端的针目，环形
　钩织长针。

♦ 第41~51行，如图所示，环形钩织边缘。

尺寸：长31厘米、宽17厘米

Hexagone
六角形

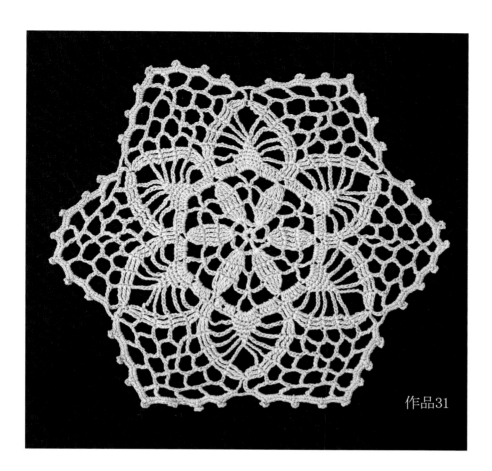

作品31

作品32

♦ 钩织6针锁针制作成圆环起针，用4针锁针作起立针，重复钩织5次"4针锁针、1针长长针"，再钩织4针
　锁针，在起立针上钩织引拔针，钩织第1行。

♦ 第2～4行，在前一行的长长针上钩织5针长长针，如图所示钩织。

♦ 第5行，用长针钩织一圈。

♦ 第6～12行，如图所示钩织6片花瓣。第7行，在花瓣之间钩织5针锁针。将这个锁针针目分开，钩织第8
　行的长长针。下一行的长长针，也将前一行的锁针针目分开后钩织。
　将边缘由内向外钩织成漂亮的六角形。

♦ 第12行，整段挑起锁针，钩织短针和狗牙针。

饰边为3针锁针的短针狗牙针。

尺寸：宽21厘米

♦ 钩织12针锁针制作成圆环起针，用3针锁针作起立针，钩织23针长针，钩织第1行。

♦ 第2～4行，如图所示钩织，在第4行钩织长长针4针并1针，制作花瓣。

♦ 第5～7行，用5针锁针的网眼针钩织。

♦ 第8行，在网眼针的每一个波峰上钩织2针长长针、3针锁针。

♦ 第9～13行，钩织边缘的编织花样。

尺寸：直径23厘米

Carré
四边形

作品33

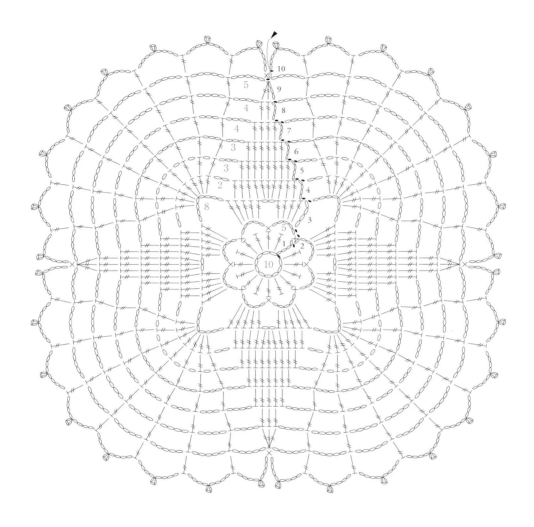

♦ 钩织10针锁针制作成圆环起针，用4针锁针作起立针，钩织15针长长针，钩织第1行。

♦ 第2行，用5针锁针的网眼针钩织8个波峰。

♦ 第3行，钩织引拔针至起立针的位置，再钩织4针锁针作起立针，钩织4针长长针、2针锁针、5针长长针，然后钩织8针锁针，制作角。其他12个角如图所示钩织。

♦ 第4～10行，一边在角上加针一边钩织。

饰边为3针锁针的狗牙拉针。

尺寸：直径15厘米

Octogone
八角星

作品34

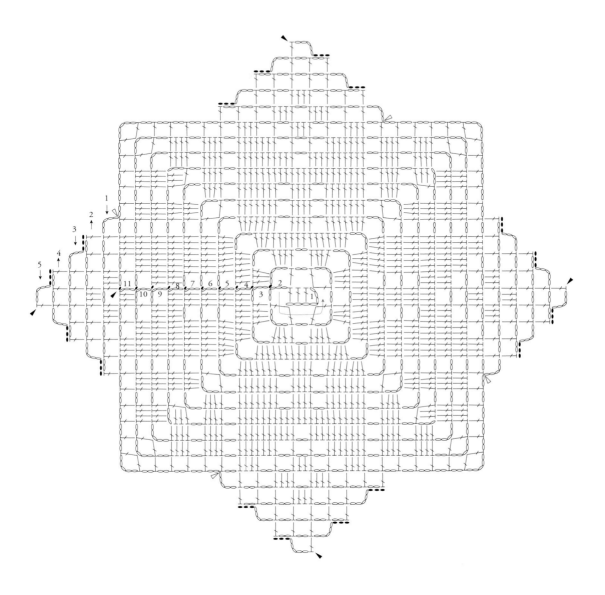

♦ 钩织4针锁针起针，用3针锁针作起立针，在起针上钩织3针长针，钩织第1行。

♦ 第2行，用3针锁针作起立针，钩织2针锁针，挑起起针的里山钩织1针长针，继续钩织5针锁针制作角，再钩织1针长针。重复这个操作，在起立针上钩织引拔针，形成环状。

♦ 第3~11行，一边在角上加针一边环形钩织，最后将线剪断。

♦ 挂线，往返钩织4条边。

尺寸：宽21厘米

Les Douces et Les Napperons
茶点与桌垫

17世纪，是法国势力最强的时候，随着从亚洲和非洲传入的红茶、香料、砂糖等的登场，甜品店的师徒制度逐渐发展了起来。师傅制作的顶级甜点，不可能进入底层平民的手中，而是供上流阶层享用的。

桌垫的诞生，和法国的下午茶时间有着莫大的关系。在描绘17世纪贵族生活的绘画中，展现了享受红茶时间的贵族们的喧嚣和餐桌上的优美风景。餐桌上有银制的茶壶、美丽的陶器，还摆满了点心，可以看到盘子上铺着像蕾丝一样的白色、圆形的东西。为了让点心更加赏心悦目，大量由能工巧匠们以顶尖技术制作而成的蕾丝或刺绣的台布、桌垫，开始在餐桌上崭露头角。

进入19世纪，名叫乐蓬马歇（Le Bon Marché）的百货公司出现，随后，有钱的巴黎人开始沉迷时尚前沿的服装，痴迷化妆，并开放家中的沙龙招待客人。他们以沙龙这个时尚空间为舞台，用进口的贵重红茶和从国外运来的稀有的点心作为招待物品的习惯也越传越广。

从18世纪到20世纪间的桌垫，无疑是在"茶·点心·沙龙"的关系中发展起来的代表上流阶层的用品，这是法国历史上的事实。

直到现在，桌垫这个曾经为法国传统点心和下午茶增添优雅氛围的必备用品，存在的意义慢慢发生了变化，归入了手工艺的范畴。

我将这优美的桌垫融入了自己的生活，用来点缀点心等，以创造生活的乐趣。我想，古董艺术品不光是用来看的，使用它们才能进入它们的世界。

Autres
其他花片

桌垫中也有以爱尔兰钩针蕾丝和布鲁日蕾丝为灵感钩织而成的。爱尔兰钩针蕾丝是模仿威尼斯的针绣蕾丝制作而成的，比如通过在较粗的芯线上绕线钩织成花草图案，将立体钩织的玫瑰花放在卡纸上再用蕾丝针目连接等，制作手法独特。布鲁日蕾丝是用蕾丝针目连接花片或织带的棒槌蕾丝。桌垫中也蕴含着蕾丝的传统和文化。

作品35

变形的网眼针

第1行钩织5针锁针，在第3针锁针上
钩织1针中长针。第3行钩织4针锁
针，在第2针锁针上钩织1针中长针

从中间的花片开始钩织
- ◆ 钩织14针锁针制作成圆环起针，用1针锁针作起立针，钩织16针短针，钩织第1行。
- ◆ 第2~3行，如图所示钩织，一边加针一边钩织短针。
- ◆ 第4行，钩织花瓣。用1针锁针做起立针，钩织1针短针、①的11针锁针，分开①的锁针针目，钩织②的"短针、中长针、长针、中长针、短针"。自此，钩织2针短针，按照①、②的顺序钩织，在起立针上钩织引拔针，将线剪断。

钩织花边
- ◆ 第1行，在花瓣的顶端挂线，一边在花瓣的锁针上钩织短针，一边钩织变化的网眼针。
- ◆ 第2行，用9针锁针的网眼针钩织一圈。第3行，一边用3卷长针调整高度，一边钩织变化的网眼针。
- ◆ 第4~16行，分开前一行的锁针针目钩织第5行，在第10行上按照①~⑥的顺序钩织叶子的花样。

尺寸：直径19厘米

作品36

从中间的花片开始钩织

♦ 钩织11针锁针制作成圆环起针，用1针锁针作起立针，钩织16针短针，钩织第1行。

♦ 第2～3行，如图所示钩织，一边加针一边钩织短针，将织片翻至反面。

♦ 第4～5行，看着刚刚钩织好的织片的反面，钩织花瓣。

　第4行，用1针锁针作起立针，按照1针短针、10针锁针、1针短针的顺序钩织。

　第5行，分开第4行的锁针钩织短针，将线剪断。

钩织花边

♦ 在花片的顶端挂线，在花瓣的短针上钩织短针，再钩织10针锁针，重复这一操作，钩织第1行。

♦ 第2行，分开第1行的锁针针目钩织短针，在第4行上分开花样，在短针之间钩织边缘的扇贝花样。

饰边为4针锁针的短针狗牙针。

尺寸：直径14厘米

作品37

♦ 钩织10针锁针制作成圆环起针，用1针锁针作起立针，钩织16针短针，钩织第1行。

♦ 第2～4行，如图所示，钩织中心的花朵图案。

♦ 第5行，往返钩织。用引拔针钩织至网眼针的波峰中间，钩织14针锁针。在刚刚钩织好的锁针上钩织5针长针，继续钩织3针锁针，分开网眼针的锁针针目，钩织1针短针。将织片翻至反面，钩织3针锁针，钩织第2列的长针。每钩织1列都要翻转一次。一边与中心的花样连接一边钩织一圈。

♦ 将线剪断，将钩织起点与钩织终点的针目做卷针缝合。

尺寸：直径11厘米

作品38

变形的网眼针

a为钩织4针锁针，在第3针锁针上钩织2针中长针的枣形针。b为钩织5针锁针，在第3针锁针上钩织枣形针

♦ 钩织花片①、②、③（钩织方法在p.116）。

拼接①、②

♦ 在①的花瓣顶端挂线，用1针锁针作起立针，钩织1针短针。

钩织3针锁针，在第2个锁针上钩织3针中长针的枣形针，再钩织2针锁针。从反面入针，在②的短针上钩织短针，再钩织"3针锁针、3针中长针的枣形针、2针锁针"。重复这一操作钩织一圈，将线剪断。

拼接②、③

♦ 在②上挂线，用1针锁针作起立针，在②上钩织短针，一边钩织锁针调整长度，一边用变形的网眼针钩织第1行。

♦ 第2~4行，以变形的网眼针为基础继续钩织，在第4行钩织引拔针，与③拼接。

尺寸：直径16厘米

基础技法②

均为包裹着芯线钩织

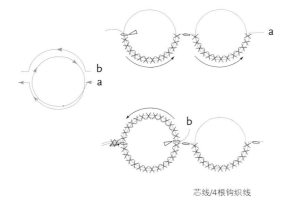

1片花瓣

第1行

芯线

芯线/2根钩织线

花片①

♦ 将芯线包裹着环形起针，用1针锁针作起立针，钩织14针短针，钩织第1行。芯线不剪断，继续钩织第2行。

♦ 第2行，用1针锁针作起立针，在第1行的每1针短针上钩织1针短针。将织片翻至反面，钩织10针短针（蓝色的针目）。将织片翻至正面，用1针锁针作起立针，钩织11针短针的菱形针（黑色的针目）。这样1片花瓣就钩织好了。

♦ 从第2片花瓣开始，挑起前一个花瓣的外侧半针，钩织5针短针（蓝色的针目）。最后，在第14片花瓣上与第1片的花瓣拼接，将钩织线和芯线剪断。

a

b
a

b

芯线/4根钩织线

花片②

♦ 将芯线a包裹着环形起针，用1针锁针作起立针，包裹环形的下半部分钩织13针短针，钩织1针锁针连接。重复这一操作，先钩织14个圆形花片的下半部分，将钩织线与芯线剪断。

♦ 芯线b接着芯线a，用1针锁针作起立针，包裹着芯线钩织13针短针，再用2针短针一起包裹着芯线和1针连接的锁针。重复这一操作，钩织花片的上半部分，将钩织线和芯线剪断。

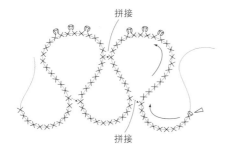

拼接

拼接

芯线/2根钩织线

花片③

♦ 用1针锁针作起立针，一边确认织片的正反面一边钩织，然后将钩织线与芯线剪断。饰边为3针锁针的狗牙针。

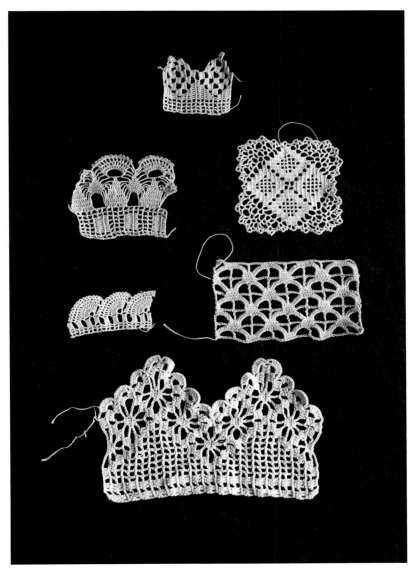

钩针蕾丝的小样片。
大多都拥有精心的设计或制作方法，光是看看就感觉很有趣。

作品39

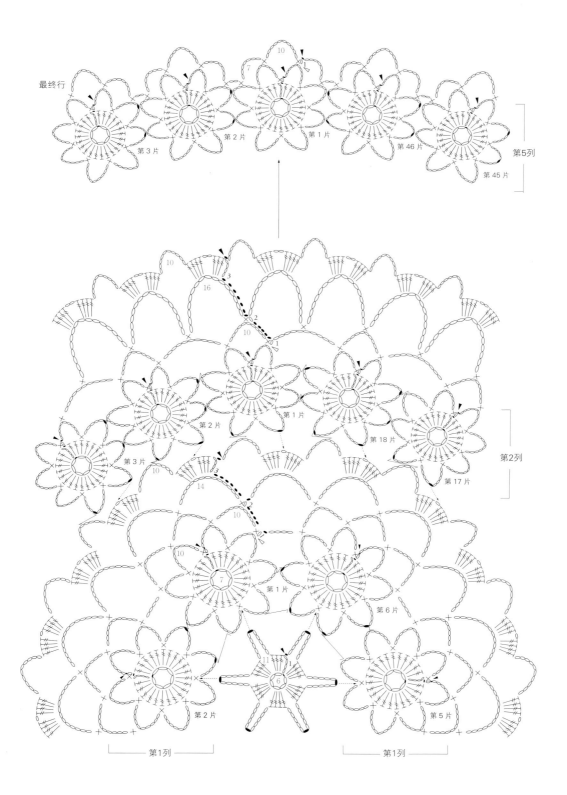

最终行

第3片　第2片　第1片　第46片　第5列　第45片

10　7　1

第2列

第2片　第1片　第18片　第17片

第3片　10

14

10

10　7　第1片　第6片

11　1

6

第2片　第5片

第1列　第1列

♦ 一边用引拔针连接第1列的6片花朵花片，一边钩织成环形。
♦ 钩织中心花片。这时，钩织第1行的锁针时，在花朵花片的短针的头部引拔。
♦ 挑起花朵花片的锁针，以网眼针为基础钩织3行，钩织花片，重复这一操作。
尺寸：直径43厘米

作品40

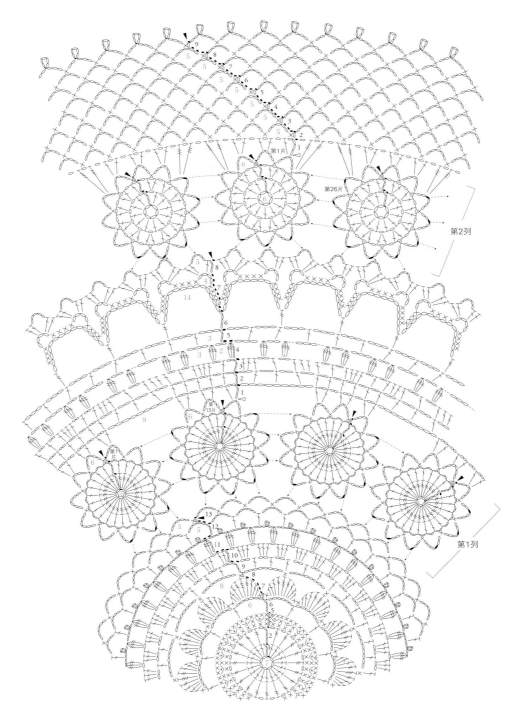

从中心花片开始钩织

♦ 钩织7针锁针制作成圆环起针，用3针锁针作起立针，钩织19针长针，钩织第1行。

♦ 第2～13行，钩织花瓣和边缘的编织花样，将线剪断。

♦ 一边用引拔针连接13片花朵花片，一边钩织，挑起花片的锁针，钩织中段的编织花样。

♦ 用相同方法钩织第2列的花片，用网眼针钩织边缘。

中心花片上的饰边为3针锁针的狗牙拉针。边缘为5针锁针的狗牙拉针。

尺寸：直径33厘米

MaillO Design（→ p.124）用古董桌垫制作的装饰单品。
可以做成灯垂挂于天井，或装饰门店的橱窗等处。

装饰窗边的白色蕾丝单品。
这件作品超越了我对桌垫的想象。

L'upcycling Des Napperons

桌垫的新生

　　手工艺早已渗透巴黎这座城市，在巴士或电车里都能看到在钩织的人。反观漫长的历史，法国曾有一个由蕾丝产业支撑国家经济的时代。法国人也都能认识到蕾丝等编织物是珍贵的本国文化。我每每看到有人在车厢内编织的身影，都会再次认识到，蕾丝大国的手工艺将生生不息，编织方法也会永远传承下去。我想，这正是一种法国文化。

　　在现代社会，像以前一样在衣服的领口、袖口缝上蕾丝装饰比较少见。但对于巴黎人来说，蕾丝至今依然是一种憧憬，是一种优雅的象征。我们不仅能看到在日常生活中使用蕾丝的家庭或餐厅，还有使用蕾丝创作的艺术家。有一位出生于南特（Nantes）的名叫维罗尼克·达玛特（Véronique Damart）的女性设计师，她使用MaillO Design的品牌名创作作品。

　　初见她的作品时，我惊讶于她对桌垫的全新解读。她的作品全部是细腻的古董钩针蕾丝桌垫，以独特的创意制作单品。

　　"MaillO"这个名字源于法语"Maille"，原意是"编织物"或"针织物"，她将这个词以独特的解释派生后设计出新的品牌名。维罗尼克·达玛特说，她年幼时很喜欢住在布列塔尼的祖母，那里的蕾丝编织非常兴盛。祖母只要一有闲暇，马上就会拿出钩针准备编织蕾丝。所以她不论何时想到祖母，脑中都是她正在编织的样子。

　　布列塔尼曾经不属于法国，这里有一段著名的故事，就是这里有一个戴着"La Coiffe"蕾丝帽子的民族。至今，布列塔尼每年都会举行独特的民族祭典，吸引众多的观光客前来观看。维罗尼克·达玛特说，对于生长于此的祖母来说，蕾丝是最日常、最爱不释手的手工艺品。她的作品也是在向祖母致敬。

　　维罗尼克·达玛特收集钩针蕾丝并为它们注入新的生命，她这种升级再造的手法，迷倒了众多的巴黎人。最近，在巴黎市内的女装店里也能看到她的作品。将涂满胶水的桌垫粘在气球上，晾干，成形，可做成灯罩或装饰单品。这种既有蕾丝特有的镂空美又尽显优雅的作品，只要是蕾丝爱好者一定会痴迷不已。作为蕾丝收藏家的我，也认为这是非常精彩的让蕾丝重获新生的创意，蕾丝与光的呼应令人心动不已。我希望更多人能看到这种新型桌垫。

　　也许正在看书的你也观赏过MaillO Design的作品。

上/MaillO Design的维罗尼克·达玛特。下/成形的
单品。利用气球或盆做出圆润的形状。

染色后成为适合法国室内软装颜色的装饰单
品。

　　巴黎人非常珍惜旧东西，并善于用自己的解读为它们注入新的生命。一方面，有像维罗
尼克一样带着使命感创作作品并呈现给大家的人，另一方面，也有很多巴黎人关心资源可再
生或再利用等涉及地球环境的问题。最近，诞生了很多专业从事服装升级再造的颇具艺术感
的女装店，我想它们应该是时下最引人注目的手工门类。

　　对"用完就完了"这种概念说"不"的巴黎人的生活方式，今后也将会为更多的人所推
崇。

写在最后

　　我逐渐痴迷于桌垫的原因是它精细的技术。编织桌垫的线极细，细看似乎能感受到编织花片的节奏，这便是用人的手创造出的作品。在现代社会，用机器制作的蕾丝很容易买到；但是，亲手制作出的蕾丝，你更能感受到它迷人的温度。我认为，享用手工制作的蕾丝，是一种重要的生活方式，它能让手工工作持续发展至下一个时代。

福岛明子
2020年1月

日语版制作

图书设计：绳田智子　L'espace
图片：新居明子
　　　福岛明子（p.7, p.9, p.11 , p.13, p.15, p.17, p.20–21, p.38–41, p.53–55, p.85–87, p.107）
　　　Véronique Damart（p.122–123, p.125左下）
　　　Masayo Ogino（p.125右上下）
制作方法：矢野康子（p.31, p.33, p.35, p.37, p.45, p.47, p.49, p.100, p.113）
　　　　　西田千寻 Fève et fève
文本校对：福田曜子
编辑：武内千衣子　Lamain+
协助：KEI
　　　Antoinette Poisson
　　　MAISON GUILLEMETTE
　　　Véronique Damart/MaillO Design
　　　Biscuiterie Gourmandise

福岛明子

1976年出生，在名古屋长大。大学毕业后，担任过买手店买手、老店的跟单员，2010年移居法国。现在作为居于巴黎的中间人开展活动，将历史悠久的法国手工艺技术介绍到日本。同时，收藏古董蕾丝、玻璃杯、银制品，并将使用方法等介绍到日本。在日本的主要活动为介绍巴黎的纸工匠安托瓦内特·泊森，介绍法国的传统点心，介绍收藏的古董。在法国，常常协调来自日本的艺术及传统和服的展览会。另外，于2019年担任贴布作家宫胁绫子的个展企划。

图书在版编目（CIP）数据

福岛明子复古蕾丝桌垫钩织/（日）福岛明子著；刘晓冉译. — 郑州：河南科学技术出版社，2022.1
ISBN 978-7-5725-0581-2

Ⅰ.①福… Ⅱ.①日… ②刘… Ⅲ.①台布—手工编织—图集 Ⅳ.①TS941.75-64

中国版本图书馆CIP数据核字（2021）第180453号

出版发行：河南科学技术出版社
　　　　　地址：郑州市郑东新区祥盛街27号　　邮编：450016
　　　　　电话：（0371）65737028　　65788613
　　　　　网址：www.hnstp.cn
策划编辑：张　培
责任编辑：张　培
责任校对：刘　瑞
封面设计：张　伟
责任印制：张艳芳
印　　刷：北京盛通印刷股份有限公司
经　　销：全国新华书店
开　　本：787 mm×1 092 mm　1/16　印张：8　字数：200千字
版　　次：2022年1月第1版　　2022年1月第1次印刷
定　　价：49.80元

如发现印、装质量问题，影响阅读，请与出版社联系并调换。